南繁情

——三亚荣誉市民袁隆平

曹 兵 主编

中国农业出版社
农村读物出版社
北 京

图书在版编目（CIP）数据

南繁情：三亚荣誉市民袁隆平／曹兵主编；陈冠铭，袁定阳副主编. —北京：中国农业出版社，2022.11
ISBN 978-7-109-29707-4

Ⅰ.①南… Ⅱ.①曹…②陈…③袁… Ⅲ.①袁隆平（1930-2021）－生平事迹－画册 Ⅳ.①K826.3-64

中国版本图书馆CIP数据核字（2022）第205546号

NANFANQING: SANYA RONGYU SHIMIN YUANLONGPING

中国农业出版社出版
地址：北京市朝阳区麦子店街18号楼
邮编：100125
责任编辑：王琦瑢
版式设计：杨 婧 责任校对：吴丽婷 责任印制：王 宏
印刷：北京通州皇家印刷厂
版次：2022年11月第1版
印次：2022年11月北京第1次印刷
发行：新华书店北京发行所
开本：787mm×1092mm 1/16
印张：5.5
字数：106千字
定价：100.00元

主　　编　曹　兵

副 主 编　陈冠铭　袁定阳

编　　委　(按姓名笔画排序)

　　　　　王精敏　任　杰　刘婉璐　辛业芸　张　杰

　　　　　张德生　陈冠铭　陈梅烹　柯用春　袁定阳

　　　　　唐　萍　曹　兵　韩冰冰　戴　扬

主编与副主编简介

曹兵，研究员，海南大学副校长、九三学社海南省委副主委、第七届海南省政协常委、海南省南繁协会会长、国家耐盐碱水稻创新中心理事会副理事长和国际种业科学家联合体副主席，创建了三亚市南繁科学技术研究院，荣获第八届袁隆平农业科技奖、首届海南省最美科技工作者、海南省青年科技奖等多项表彰奖励，曾获10余项省部级科技成果奖励，被誉为钟情于南繁的专家。

陈冠铭，研究员，海南大学三亚市南繁科学技术研究院PI、海南热带海洋学院研究员、海南省社会科学院特聘研究员、中国农学会理事、海南省南繁协会副会长、海南省农学会副理事长、中国农学会科技评价分会委员和首届三亚市签约理论家、全国先进工作者、海南省优秀科技工作者，在南繁领域著作6部，荣获全国创新争先奖状、全国五一劳动奖章、海南省青年科技奖等奖项。

袁定阳，博士，研究员，湖南杂交水稻研究中心暨国家杂交水稻工程技术研究中心副主任、国家耐盐碱水稻创新中心副主任、杂交水稻国家重点实验室副主任，"十三五"国家重点研发计划"水稻杂种优势利用技术与强优势杂交种的创制"项目首席专家，超级杂交水稻分子育种创新团队首席专家，湖南省新世纪"121人才工程"人选，荣获国家科技创新团队奖等奖项。

序 一

　　袁隆平院士是杂交水稻研究与推广的奠基人，是名副其实的"杂交水稻之父"。国家南繁育种是我国农业科学家的科研创举，"南繁育种"精神源于农业领域，孕育南繁文化，其生命力在于传承。在袁老的关怀和支持下，有力地促进了南繁育种科研与产业的发展。

　　20世纪60年代，袁老坚持自己的想法，持之以恒进行杂交水稻研究，发现水稻后代群体产生了分离，由此确立了水稻依然有杂种优势，最终创建了系统的理论，形成《水稻的雄性不孕性》一文，给世界杂交水稻发展定调：杂交水稻研究值得做。袁老这一创新举动，可以说是给杂交水稻奠定了科学基础，我从中看到了希望，并紧随袁老的步伐，进行杂交水稻的研究。我是站在巨人的肩膀上成长的，袁老是我水稻科研工作的开拓者和引路人。正因为他的理论，杂交水稻才能真正在生产上实现，也因为袁老开辟了这个研究领域，我才得以在海南岛接触杂交水稻，最后取得了今天的成绩。南繁已成为海南的一张名片，袁老生前一直默默坚持在三亚的国家南繁科研育种基地开展科研工作，每一次在海南见面，袁老不但热情地接待我，给我介绍他的经验，有时候还亲自带我到他的试验田看他的试验材料。他喜欢站在田头，和大家一起讨论每一个实验材料的优缺点、潜力，今后能发挥多大的作用。他很希望听到我们的评论。我感到他既谦虚又可亲。

《南繁情——三亚荣誉市民袁隆平》记录了袁老与海南的不解之缘，袁老身上所体现出的科学家精神，完全可以凝炼为"南繁育种"精神，值得我们学习和传承，他把中国的杂交水稻推向更高的境界，为中国的粮食生产、世界粮食的生产做出贡献。同时，他作为一位教育家，也在影响着更多人。袁老非常关心海南的科教事业和人才成长，他曾说海南是他的第二家乡，写下"南繁育种，发现'野败'成就杂交水稻，我热爱南繁，热爱三亚"。袁老心系国家南繁硅谷建设，关心海南涉农机构建设发展，扶持青年人才，是我们值得尊敬和学习的榜样。

我们更要继续发扬袁老为国为民的崇高思想、艰苦奋斗的优良作风、勇于攻坚克难的大家风范、勇于探索的科学精神，继续勇攀科学高峰，为中国杂交水稻育种继续保持世界领先地位，为保障国家粮食安全展现担当。希望通过《南繁情——三亚荣誉市民袁隆平》一书，能让更多人了解南繁、更好的传承"南繁育种"精神，能有更多科技人员继承袁老衣钵，担当起振兴中国种业以及水稻育种的重担，实现种业振兴的中国梦。

中国科学院院士 谢华安

2022年6月

序 二

　　习近平总书记在视察海南时提出要建成"南繁硅谷"，这是国家战略的一项新定位，也给全国种业科技发展提出了新要求，给海南实现热带高效农业转型升级带来新机遇。

　　在海南南繁基地，数十年间全国各地从事种业科技的几代南繁人，在海南这片热土上辛勤耕耘，不仅孕育了一批知名的育种专家和几万名农业科技工作者，而且为中国种业科技发展创造绿色神话奠定了基础。袁隆平院士正是这样一位以"一稻济世"的信念和情怀辛勤耕耘南繁事业、写就"一粒种子可以改变世界"的农业科学家典范。他在91岁高龄时仍坚守水稻南繁科研育种一线，以实际行动为广大农业科技工作者阐释了脚踏实地把论文写在祖国大地上的崇高风范。

　　《南繁情——三亚荣誉市民袁隆平》作为一本记录袁隆平院士曾在海南从事南繁工作的书籍，书中讲述了他牢记让天下人都有饱饭吃的使命，躬耕南繁，不遗余力地参与打造国家南繁科研基地标杆、提升国家南繁基地的影响力、创立国家技术创新中心和力促国家实验室落地等故事；袁院士曾经说：

作为南繁人，一定要继续发扬"南繁育种"精神，响应党中央、国务院提出的"把南繁基地保护好、规划好、建设好、管理好"的要求，为中国人用"中国碗"盛"中国粮"继续做贡献，以祖国和人民需要为己任，以奉献祖国和人民为目标，为实现中国梦奉献力量。他那种对海南的热爱早已转化为对海南工作的默默支持。

我深感这正体现了一位农业科学家不断创新、勇攀高峰的科学精神和造福全人类的伟大胸怀，他曾经的南繁奋斗史恰恰是"南繁育种"精神的精彩演绎，为更好建设"南繁硅谷"提供了精神动力，更为后辈接续奋斗的农业科技工作者做出了榜样。作为农业科技战线的普通一兵，传承袁隆平等老一辈科学家精神，做到毫不松懈，以更加饱满的战斗热情，始终把根扎在试验地里，把心用在科研创新上，为国家种业、科技自立自强和农业高质量发展多做贡献，为维护世界粮食安全彰显中国智慧和中国担当，深感重任在肩。

我衷心希望此书不但要起到宣传南繁、支持南繁的作用，更应该产生鼓舞的力量，使年轻人热爱和投入到南繁事业中，在南繁这所人才培养的"大学校"中锻炼成长，齐心协力为把中国的饭碗牢牢端在中国人自己手上而共同奋斗！

中国工程院院士 柏连阳

2022年8月

前　言

　　袁隆平对孕育南繁的海南有着浓厚的情感。琼南地区有着优越的自然条件和丰富的种质资源，从20世纪50年代开始，每到秋冬时节，全国各地的育种科研人员将育种材料带到海南岛进行加代繁殖、选育和制种。自1968年冬开始，袁隆平带着他的团队踏上了海南这片孕育希望和梦想的沃土，在三亚从事南繁科研工作长达53年，并在海南三亚度过了40多个春节。2020年9月9日在与曹兵谈工作时，欣然写下"南繁育种，发现'野败'成就杂交水稻，我热爱南繁，热爱三亚"，短短几句，字里行间，无不吐露着对海南无尽深厚的爱。

　　习近平总书记强调"人无精神则不立，国无精神则不强"，多次强调弘扬科学家精神。2022年4月10日，习近平总书记再次来到三亚视察南繁工作，在崖州湾种子实验室与科研人员交流时强调"要弘扬袁隆平等老一辈科技工作者的精神，十年磨一剑，久久为功"。作为南繁人、种业人牢记习近平总书记的嘱托，弘扬以袁隆平为代表的农科人所凝练的"南繁育种"精神，将种业芯片牢牢抓在中国人自己的手中，推动我国种业振兴。

《南繁情——三亚荣誉市民袁隆平》一书，把袁隆平一生的经历、成就和对海南浓厚的情感结合，还原了一位心怀国之大者，扎根泥土且有凌云壮志的科学家形象。本书精选了袁隆平在海南工作期间的百张相片，不仅为了让读者直观的了解袁隆平"禾下乘凉梦"和"杂交水稻覆盖全球梦"，还向读者展现了他对海南对南繁的深情，激励农科人员共建国家"南繁硅谷"，引导大众关注与"两弹一星"精神起源于同一时期的"南繁育种"精神，共同弘扬赓续科学家精神。

《南繁情——三亚荣誉市民袁隆平》的编写与出版得到了三亚市农业农村局的支持与资助，是南繁与热带高效农业协同创新中心项目"'南繁育种'精神历史意义与时代价值研究"的成果。由于编者的水平有限，偏颇之处，恳请各位批评与斧正(c8361@163.com)。

编　者

2022 年 6 月

目　录

南繁情
——三亚荣誉市民袁隆平

"南繁育种"精神的倡导者

〖按〗国家南繁育种是我国农业科学家提出并践行的伟大科研创举。"南繁育种"与"两弹一星"一样，均始于20世纪50年代，两者均是孕育科学家精神的重要摇篮。习近平总书记多次强调发扬科学家精神，强调"人无精神则不立，国无精神则不强"。2022年4月10日习近平总书记在三亚视察海南省崖州湾种子实验室时，强调"要弘扬袁隆平等老一辈科技工作者的精神，十年磨一剑，久久为功"。南繁事业，育种更育人。以袁隆平为代表的南繁人所凝炼的"南繁育种"精神得到习近平总书记的高度肯定，让科研人员深受鼓舞，挖掘与赓续"南繁育种"精神，共同实现我国种业振兴的伟业正是全体农业人的共同使命和追求。

农业农村部组织撰写出版的《中国南繁60年》，回顾了我国南繁60年的发展历程，系统地总结了我国南繁育（制）种突出贡献，倡导赓续代表农业科学家精神的"南繁育种"

2002年4月2日，袁隆平与国际水稻专家在国家863计划海南研发基地三亚海螺试验站参观（王精敏提供）

精神。在20世纪50年代，"两弹一星"精神，撑起的是民族不屈的脊梁，实现的是强国之梦。发源于同一时期的"南繁育种"精神，为实现将中国人的饭碗牢牢端在自己的手上，以及种业科技自立自强、种源自主可控奠定了基石。1956年吴绍骙提出了玉米杂交育种"异地培育"理论，得到以丁颖院士为代表的国内农业科学家的全力支持与验证[1]。60余年的岁月里，每年冬春南繁季，来自我国各地的南繁育种队伍纷纷南下海南，其中有刚刚毕业的青年学生，有经验老道的科研技术人员，也有白发苍苍的育种科学家。特别是以袁隆平、朱英国、吴明珠、戴景瑞、谢华安、李登海等一大批享誉国内外的育种专家为代表，他们在祖国南海之滨，扎根在海南这块热带土地上，用自己的辛勤和汗水铸就了独特的"南繁育种"精神[2]，即"艰苦卓绝、拼搏进取、创新创业、求真务实"。"南繁育种"精神与科学家精神一脉相承。

2020年4月14日，袁隆平、海南大学校长骆清铭在三亚市副市长周燕华的陪同下参观三亚南繁基地

峥嵘岁月，砥砺前行

如今，随着社会的飞速发展，从事南繁事业的育种科学家，有着相对良好的工作条件和物质基础，能够以更加高效便捷的方式进县入村[2]。但在20世纪50—70年代，育种事业"内困外艰"。1949年10月1日，新中国成立，西方国家对新中国采取全面的孤立、封锁、禁运、包围等方针，新中国在全面学习苏联的历史背景下，我国农业科学同样也受到了苏联农业科研思路的影响。在1935年至1964年的30年间，苏联生物学家李森科（Lysenko，1898—1976）虚夸"春化处理"

1970年在三亚南繁（辛业芸 提供）

育种法，倡导环境改变植物遗传性，否定基因的存在性，中国也受到其影响。

1952年前后，我国科学界开展了对孟德尔和摩尔根遗传学说的批判，阻碍了我国作物遗传育种工作的开发。但在那一时期，我国也涌现出了诸如丁颖（1888—1964）、金善宝（1895—1997）、吴绍骙（1905—1998）、徐天锡（1907—1971）等大批科学家，他们顶住了压力、求真务实、不畏艰苦、敢于拼搏，最大限度地减少冲击，带领着我国农业科研朝着正确的方向发展。南繁育种的发展就是在这特定的历史环境下产生，有着丰富的历史事件予以支撑[3]。袁隆平的成功也在于工作后不迷信权威，勇于寻求真理，想方设法创造条件去做科学研究，实事求是。

2004 年 4 月 2 日，袁隆平与同事罗孝和在三亚师部农场科研办公楼（孙清 提供）

家国情怀，心系民生

　　1930 年 9 月 7 日，袁隆平出生在北平。袁隆平所出生的那个年代正是我国处于半殖民地半封建社会，人民遭受着深重苦难。他从小跟着家人被迫颠沛流离，在重庆求学时期，经历了大轰炸和粮食等生活物资紧缺，这让他感到要想不受侵略者欺辱，国家必须强大起来。在解放初的困难期，各地的饥荒现实让袁隆平在心里默默地许下了"愿天下人都有饱饭吃"的朴素而崇高的心愿[4]。1953 年，从西南农学院遗传育种专业毕业后，袁隆平被分配到湖南省安江农林技术学校（以下简称为：安江农校）工作。袁隆平曾立誓"作为新中国培育出来的第一代学农大学生，我下定决心要解决粮食增产问题，不让老百姓挨饿。"[5]

　　在 2019 年 10 月 23 日，袁隆平发表在《人民日报》上的文章《我的两个梦》[6]中写道："毕业后，我被分配到湖南省安江农校任教。安江农校地处偏远，临行前，学校的领导告诉我，那里很偏僻，'一盏孤灯照终身'，你可要做好思想准备。当时我想，能传播农业

2004年4月22日袁隆平在三亚与技术员交流（张杰 提供）

科学知识，也是为国家做贡献！没想到，去了不久，就碰上困难时期。我当时想，这么大一个国家，如果粮食安全得不到保障，其他一切都无从谈起，我要为让中国人吃饱饭而奋斗！"

在心系祖国关注民生的胸怀之下，袁隆平于1956年踏上了逐梦的伟大征程。因发现水稻中一些自然杂交种有优势，推断这是提高水稻产量的重要途径，经过近十年的实践验证，袁隆平总结撰写的学术论文《水稻的雄性不孕性》于1966年发表，拉开了中国杂交水稻研究的序幕，并组建科研育种团队开始了选育水稻雄性不孕系的科研计划。1970年，袁隆平团队在海南岛崖县（即现在的三亚）的南红农场发现了1蔸花粉败育野生稻。得知此消息的袁隆平，星夜兼程挤上火车赶往海南岛，经过鉴定分析后，袁隆平欣喜地为这株比金子还要贵重的野生稻取名为"野败"[7][8]。

2004年3月，袁隆平与冯克珊在三亚师部农场育种基地合影

　　"野败"的发现，为杂交水稻的研究打开了突破口，使得全国10多个省（自治区、直辖市）的南繁育种科研学家聚集到海南这片热土。袁隆平将"野败"等育种材料及研究资料分享给大家，并在农场给各地的育种学家进行讲解，一场轰轰烈烈的攻坚克难创新大会战就此打响[8]。1973年，袁隆平在第二次全国杂交水稻科研协作会上，正式宣布籼型杂交水稻三系配套成功，水稻杂交优势利用研究取得了重大突破。

2012年4月15日袁隆平与李家洋（左3）、钱前（左1）（张杰 提供）

　　那段攻坚克难、创新创业的日子，有着令袁隆平最为深刻的记忆。在他的回忆中，那时条件艰苦，背着够吃好久的腊肉，辗转好几天的火车，前往云南、海南和广东等地育种研究，这样的经历"就像候鸟追着太阳"[9]。

　　2018年11月22日，在未来科学大奖颁奖典礼上，袁隆平在接受奖杯时对科研工作者表达崇高期望，"我希望青年科学家不要过分计较个人得失，而是要把国家和人民的利益作为自己的奋斗目标，不断努力。"[9-11]

2021年1月19日中国（三亚）国际水稻论坛组委会成员邓华凤（左2）、刘海英（左1）向论坛主席袁隆平汇报工作（右1为国家粳稻工程技术研究中心主任华泽田研究员，刘海英 提供）

2006年4月3日，袁隆平向同行介绍新品种（右2袁定阳，王精敏 提供）

如今，风起稻田千重浪，稻花香里说丰年。袁隆平作为一位心怀"国之大者"，心怀凌云壮志，牵挂天下苍生，深深扎根泥土，最终成了令人高山仰止的科学家，成为大家学习效仿的楷模。

2003年4月现场查看全国杂交水稻品种展示现场（曹兵 提供）

杂交水稻，南繁而兴

袁隆平三系杂交水稻在三亚的成功研制，开启了南繁育种的新篇章。2020年9月9日，袁隆平亲笔写下这样一句话："南繁育种，发现'野败'，成就杂交水稻，我热爱南繁，热爱三亚"，简短有力地叙述了南繁事业的重大的作用。袁隆平感慨地说："习近平总书记4次接见我，特别是2018年4月12日，陪同总书记在三亚水稻国家公园视察水稻试验，我感谢总书记对农业科技这么重视、对南繁这么重视、对杂交水稻这么重视！"一句话将杂交水稻、南繁育种和农业科技紧紧地联系起来。

2016年3月9日袁隆平为三亚市南繁院集体编著的《南繁服务手册》题序（右1柯用春 提供）

海南以南繁为荣，南繁因"野败"而兴。得天独厚的自然条件，让琼南地区成为南繁育种科研的最佳选择，是历史和实现照亮了南繁育种这块宝地。南繁基地作为国家科研育种公共服务的重要平台，是国家稀缺的、不可替代的战略性资源，是现代种业科技创新创业的前沿阵地。因此，一批批种业科研人员前仆后继，以实际行动，书写和引领着一场跨世纪的南繁史诗[12]。

1970年7月，袁隆平组成20人的攻坚课题组，在三亚南红繁育良种场进行育种攻坚。当年11月，他们利用1蔸"野败"成功培育出了"三系法"杂交水稻[13]。同年，在海南岛登陆的最后一场台风，雨水瞬间把大地变成了一片汪洋，试验田的秧苗也被淹得剩下叶尖，如不及时采取措施，有全军覆没的危机，历经艰辛找来的"野败"将付之东流。在此紧急关头，三亚南红农场的领导组织了一批农民赶来帮忙抢救。袁隆平当时正感冒发烧，他拖着带病的身子，一边参与抢救，一边吩咐大家按照试验田的原样将秧苗放在师生三人的床板上。苍天不负苦心人，1971年5月，袁隆平团队成功收获了少量的杂交水稻。以袁隆平为代表的南繁人的斗志与热情，令人鼓舞，催人奋进！

2001年3月28日袁隆平（左2）与国家863计划海南研发基地负责人卢兴桂（左3）共同主持全国杂交水稻品种展示会（陈冠铭 提供）

因为南繁的这株"野败"，袁隆平团队于1974年成功育出高产杂交稻南优2号。中稻、晚稻在辛勤的选育与耕耘下，表现出优秀的高产，亩*产均达500公斤以上，南优2号成为我国第一个大面积生产应用的杂交水稻。随后，全国陆续选配出了以"南优""汕优"等为代表的一系列的强优势籼型杂交水稻组合，为杂交水稻迅速走向生产做好了技术储备。20世纪90年代初，在袁隆平的带领下，我国培育成功了"两系"杂交水稻，再次令世人瞩目[14]。

因此，中国成为全世界第一个生产上成功利用水稻杂种优势的国家。袁隆平也终于走在了圆梦之路上，带领着一批又一批的"南繁人"在南繁科研道路上不断求实创新。

精神永驻，育种育人

正是因为在三亚发现的野生稻雄性不育株，才能确保袁隆平成功地培育出杂交水稻[15-17]。袁隆平接受媒体采访时曾说，"三亚是一块黄金地，也是自己的'福地'，杂交水稻研发成功的一半功劳应该归功于南繁。"[18]

---

* 亩为非法定计量单位，15亩＝1公顷，下同。——编者注

南繁情——三亚荣誉市民袁隆平

2004年4月15日袁隆平参观国家863计划海南基地海螺展示基地（张杰 提供）

同样常年在三亚从事南繁科研工作的谢华安说，"袁隆平是杂交水稻事业的奠基人、开拓者，同时还是科研高峰的攀登者，因为袁隆平开辟了这个研究领域，我才得以1972年在海南岛接触杂交水稻，也正是在这样的大师级前辈的肯定及激励下，杂交水稻不断取得成果。"

2005年4月初主持全国杂交水稻新品种展示会现场（左1孟卫东 提供）

"人就像种子，要做一粒好种子"，这是袁隆平生前常说的一句话[19]。他也用一生，为这句话写下了注脚，他就像一粒种子，将"禾下乘凉梦"和"让杂交水稻覆盖全球"的梦想种在田里，用汗水和时间默默浇灌耕耘，不断激励着一代又一代的农业人。现如今在袁隆平的身后，在位于祖国南海之滨的三亚这片热土上，四季呈现着播种、耕耘与收获的生动图景，我国农业科学家们正担当起振兴中国种业的重担。科研不断茬，在崖州坝头南繁公共试验基地，中国科学院、中国农业大学、南京农业大学、海南大学等科研院校的研究人员在田间地头穿梭，领着农民为育种材料播种、套袋、收获。

从袁隆平团队发现神奇的野生稻打开了杂交水稻研究的突破口，再到千千万万科技人员在"南繁育种"精神的感召鼓舞下进行"候鸟式"育种，无不展现"偏爱南繁勇闯千里关，不畏难烦敢行万里路"的南繁情怀。在他们挥洒汗水、拼搏进取的奋斗中，一粒粒的良种在琼南这片热土上吸吮着阳光雨露，跨越海峡、历经千锤百炼在全国乃至全球开枝散叶、开花结果。

2018年4月13日袁隆平在陵水举办科研项目交流会（戴扬 提供）

近年来，在习近平总书记指示下，海南省正在以南繁科技城、种子实验室为抓手，全力贯彻落实建成"南繁硅谷"的殷切嘱托，发扬和赓续以袁隆平为代表的"南繁育种"精神，让振兴种业的科技旗帜恒久飘扬。2022年4月10日，习近平总书记在考察海南省崖州湾种子实验室时强调："种子是我国粮食安全的关键，只有用自己的手攥紧中国种子，才能端稳中国饭碗，才能实现粮食安全。种源要做到自主可控，种业科技就要自立自强。这是一件具有战略意义的大事。要弘扬袁隆平等老一辈科技工作者的精神，十年磨一剑，久久为功，把这件大事抓好。"新时代、新起点、新征程，种业人将弘扬和赓续"南繁育种"精神，牢牢把农业"芯片"抓于手中，共同奋斗实现种业振兴的中国梦。

2020年12月21日，袁隆平撰写建设种子基地的建议提案（曹兵 提供）

参考文献

[1] 佟屏亚.玉米育种事业的开拓人——吴绍骙[J].中国科技史料，1988 (2) :63-69.

[2] 佟屏亚.南繁事业托起中国种业走向辉煌——纪念异地培育理论创立60周年[J].种子科技，2016, 34 (8):5-6.

[3] 陈冠铭，曹兵.国内外南繁育制种发展综述[J].中国种业，2016 (11) : 4-9.

[4] 刘学正.愿天下人都有饱饭吃——读《追逐太阳的人:杂交水稻之父袁隆平》[J].中学语文，2021 (20):97.

[5] 周勉，袁汝婷.一颗稻谷里的爱国情怀——记"杂交水稻之父"袁隆平[J].中国产经，2019 (6) :40-45.

[6] 袁隆平.我的两个梦[J].种子科技，2019, 37 (13): 6-7.

[7] 龙军.袁隆平:以科技创新保障国家粮食安全[N].光明日报,2020-06-25.

[8] 周勉,袁汝婷.一颗稻谷里的爱国情怀——记"杂交水稻之父"袁隆平[J].中国产经,2019 (6) :40-45.

[9] 袁隆平:"杂交水稻之父"[J].工会博览,2019 (27) :13.

[10] 周勉."共和国勋章"获得者袁隆平——把对祖国的热忱结成饱满的稻穗[J].人民周刊,2019 (18) :31.

[11] 孟春石,胡震,王握文.袁隆平:做任何事情都需要雷锋精神[J].雷锋,2021 (6) : 13-15.

[12] 国家南繁工作领导小组办公室.中国南繁60年[M].北京:中国农业出版社,2019.

[13] 王英诚,吴钟斌.海南成为种业抢占市场的高地[N].农民日报,2002-07-14.

[14] 范南虹,况昌勋.大梦起兮稻花香[N].海南日报,2015-03-20.

[15] 闫新通.海南山栏稻旅游开发研究[D].三亚:海南热带海洋学院,2019.

[16] 籼型杂交水稻培育成功 袁隆平获世界粮食奖[J].北京农业,2009 (30) :9.

[17] 高飞,韩旭思,周宜君,王磊,沈光涛.中国少数民族地区野生稻遗传资源的研究与利用现状[J].中国农学通报,2011, 27 (26) :276-280.

[18] 陈启杰.海南是我的福地[N].人民政协报,2021-05-31.

[19] .科学巨擘[J].科学大观园,2021 (11) :12-13.

缘起南繁钟爱海南一生

〖按〗自1968年冬开始，袁隆平在三亚从事南繁科研工作长达53年，并在三亚度过了40多个春节。海南是"育种的天堂"，和其他农业科研人员一样，袁隆平对海南的喜爱溢于言表，他为三亚城市名片的英文命名为"Forever Tropical Paradise—Sanya（永远的热带天堂三亚）"。2020年9月9日，袁隆平在会见海南的同行时再次说起海南三亚是他的第二故乡，三亚市是杂交水稻的摇篮。言语之中字字吐露着对南繁科研的执着和对海南满满的喜爱！袁隆平对海南的热爱早已转化为对海南工作的全力帮助与支持。

袁隆平在世界农业科技史上造就了令人敬仰的中国科学家形象，他所开辟的杂交水稻研发领域为解决世界粮食安全问题做出了不可磨灭的巨大贡献。杂交水稻的研发工作

2022年5月22日，海南省委常委三亚市委书记周红波（左2）、三亚市市长包洪文（右2）、袁隆平之子袁定阳（左1）和湖南省杂交水稻中心副主任王伟平为袁隆平铜像揭幕（陈冠铭 提供）

将袁隆平与海南紧紧地联系在一起。袁隆平常说他与海南有很深的不解之缘，他说早在民国时期其祖父袁盛鉴曾任文昌县的县长，南繁育种让袁隆平再续祖辈的海南缘。袁隆平把自己当成海南岛民，多次在不同场合表明自己是三亚人。南繁育种不仅成就了杂交水稻，而且杂交水稻在全国推广也得益于南繁加代繁制种。因此，回馈海南，建好海南自贸港、建成国家南繁硅谷成为袁隆平的夙愿。2022年5月22日，三亚市为了纪念袁隆平先生，在水稻国家公园落成高5.22米的袁隆平铜像，海南省委常委、三亚市委书记周红波同志出席了落成仪式。

2016年3月26日，在三亚市副市长李劲松（左1）的陪同下，时任农业部部长韩长赋（右1）到海棠湾水稻国家公园看望袁隆平（刘波 提供）

南繁 水稻科普文化长廊

袁隆平题

2018年4月28日袁隆平为南繁水稻科普文化长廊题词（袁铎 提供）

2019年1月13日袁隆平在水稻国家公园科普长廊（袁铎 提供）

一稻济天下种业强国梦

袁隆平曾经有一个广为人知的"禾下乘凉梦""我梦见我们的超高产杂交稻，植株长得比高粱要高，穗子有扫帚那么长，籽粒有花生米那么大，我好高兴！袁隆平走过去，就坐在那个稻穗下乘凉。于是就把这个梦取了一个名字，叫做'禾下乘凉梦'"[1]。禾下乘凉梦是袁隆平对杂交水稻超高产的一个理想追求，是他种业强国的中国梦，是他最为

南繁育种，发现营成，成就杂交
水稻，我热爱南繁，热爱三亚。

袁隆平
2020.9.9.

2020年9月9日袁隆平就海南南繁建设抒发情感（曹兵 提供）

朴素的科学家情怀。在三亚，袁隆平就住在师部农场的一幢简单筒子楼里，生活场景与农民无异，院子外就是南繁育种基地，这样方便他每天下田观察水稻长势情况。

1968年冬，袁隆平背上行囊，先步行、后乘汽车、倒火车、转水路，一路颠簸，首次踏上了海南岛从事南繁加代工作。20世纪60—70年代，海南岛的条件非常艰苦、物资极度匮乏。当时袁隆平自带生活与生产物资，住的是茅屋草舍，床是用竹竿与秕秸搭的地铺，屋内没有电灯，蚊虫叮咬也很严重。在如此艰苦的环境下，袁隆平带领团队利用在三亚发现的"野败"，开创性完成了杂交水稻三系配套，确保了我国粮食生产安全。

2013年4月10在海棠湾考察海南水稻新品种展示（辛业芸 提供）

南繁育种成就杂交水稻

1966年，袁隆平在即将要停刊的《科学通报》第17卷第4期上发表了学术论文"水稻的雄性不孕性"。"水稻的雄性不孕性"引起了时任国务院副总理、国家科委主任聂荣臻元帅的高度重视，国家科委召开党组会讨论予以支持[2]。袁隆平设计的杂交水稻"三系"技术路线在早期因为不育系无法突破的原因，一直未取得实质性突破，他一直在心里给自己鼓劲："周恩来总理过问杂交水稻的，一定要把它搞成功。"袁隆平心中感恩国家领导人对杂交水稻的重视，心里想着在没有做出像样的成绩的情况下就得到这样的重视，这坚定了他一定要把杂交水稻科研工作坚持下去的信念。多年的研究在常规稻中找不到稳定的不育系，他认定只有找到野生不育株，利用远缘杂交才有希望突破。1970年袁隆平带领团队在海南等南方地区征集野生稻，选择在崖县（现为三亚）研究野生稻种群，寻找突破。

机会是眷顾有准备的人。1970年11月23日上午，袁隆平的助手李必湖在南红农场技术员冯克珊的带领下来到了三亚南红农场，寻找野生稻。李必湖在南红农场一处铁路桥边的湿地里，成功地找到了1蔸雄性不育的野生稻。袁隆平经过仔细观察和反复确认，李必湖挖回的野生稻的确是雄花败育的天然野生稻，袁隆平当即将这株野生稻命名为"野败"。1971年，袁隆平将"野败"及相关的育种材料无偿地贡献出来，成为全国农业科技工作者协同攻关的纽带。为了尽快出成果，在国家的支持下发动"人海战术"，在很短的时间内全国就有18个科研单位100多名科研人员携带上千个常规稻品种汇聚琼南协同

1999年3月，袁隆平向同行介绍新育成的品种（曹兵 提供）

攻关，与"野败"进行了超万次的回交转育工作，并成功获得多个杂交水稻组合。1973年10月，袁隆平在江苏省苏州市召开的第二次全国水稻科研会议上，作主旨报告《利用"野败"育成水稻三系的情况汇报》，正式宣告中国籼型杂交水稻"三系"配套成功。在三亚发现的"野败"解决了"三系"研制中最关键的一环。在发现"野败"之后，以袁隆平科研团队为代表的我国杂交水稻科研团队，经过跨区域、跨部门、跨层级的联合协作攻关，先后攻克了三系配套关、组合选育优势关和制种关这三大难关。

1973年，年仅43岁的袁隆平在世界上育成杂交水稻实现了"三系"配套，当年袁隆平用在海南生产的杂交种在湖南省农业科学院1.2亩的试验田中试种，每亩产量高达505公斤，这一产量远远高于当年常规水稻产量。1974年，袁隆平在安江农校试种他选育的我国第一个强势组合"南优2号籼型"杂交水稻，亩产量高达628公斤。国家南繁育种科研促成了这一伟大时刻，三亚热区这一宝贵的种质基因资源成为杂交水稻不可分割的组成部分。曹兵就曾征求过袁隆平"能够说全世界的杂交水稻都流淌着三亚南红农场母亲的血液吗？"袁隆平不假思索回答"要的""Very good，Very well！"目前在三亚南红农

2018年4月14日袁隆平在水稻国家公园查看水稻品比试验（袁铎 提供）

场依然屹立着"中国杂交水稻发源地"这块牌子，这块美丽殷实的土地赋予南繁人更多的科研生命，用其灵秀帮助袁隆平等南繁人描绘种业事业的大蓝图。袁隆平深情地说过"南繁在我国农业发展中占有重要的作用。南繁基地是我国农业科研的宝地，几乎所有的好品种都源于这里。我们要全面提升南繁的管理水平，以保护这块科研天堂。"[3]

杂交水稻推广始于南繁

袁隆平表示，到2030年世界水稻产量要比1995年增长30%，这才能满足世界人口增长的需要。土地的承载力是有限的，到2050年世界人口接近或达到100亿，全球性的粮食危机就有可能再出现，人类在食品生产上必须有一个根本性的突破[4]。当年师从袁隆平并一起从事杂交水稻研究，被袁隆平称为大器晚成的朱运昌说，推广的成功有三条经验：一是党和政府的高度重视和支持；二是社会和广大农民的迫切需求拉动；三是广大科研工作者、特别是基层农业科技人员的热情和积极性，从而形成了中国历史上空前的成果"群众运动"！

2010年3月4日袁隆平与罗孝和（右2）一起查看杂交水稻南繁制种（右1王任明 提供）

1975年，时任国务院副总理的华国锋指出："对杂交水稻一定要有一个积极的态度，同时又要扎扎实实地推进，要领导重视、培训骨干、全面布局、抓好重点、搞好样板、总结经验、以点带面、迅速推广。"同年，中央财政拿出150万元支持杂交水稻推广，其中30万元给购买15部解放卡车[5]，用于运输南繁生产的种子。有了党中央和国务院的大力支持，杂交水稻的"南繁"工作迅速展开。1975年末，湖南省组织8 000人的育种大军便分批赶赴海南制种，拉开了全国大规模南繁制种的序幕。袁隆平被任命为这支制种大军的技术总顾问。由于措施得力，这次制种面积达3.3万亩，获得了重大成功，突破了湖南省委规定的产量指标。

"三系"杂交稻配套成功后，袁隆平为了加速杂交水稻的快速推广，为了解决杂交水稻在制种、栽培等问题，他带领技术人员深入田间，帮助解决杂交水稻生产中的理论和实际问题，杂交水稻制种成为扩大杂交水稻种植面积的关键。全国从事水稻研究的精英集结海南，开始了杂交水稻南繁制种的万里迁徙大会战。1976年1月，在广州（海南当时隶属广东省）召开了全国首届杂交水稻生产会议，有南方13个省（自治区、直辖市）的

2018年3月24日袁隆平庆祝陈洪新（左2）百岁生日（左1冯克珊，辛业芸 提供）

农业厅厅长、农业科学院院长和少数杂交水稻科研骨干参加。会议促成了1.5万科研大军赴海南岛。为了迅速推广杂交水稻，生产大量价格适宜、品质合格的种子，1977年袁隆平发表论文"杂交水稻的优势、制种和栽培"。在袁隆平的指导下，每亩制种产量迅速突破50公斤。到了20世纪80年代中期，杂交水稻制种产量突破了每亩150公斤，最高制种单产突破300公斤。湖南省农业科学院陈洪新同志鼎力支持杂交水稻的研究与推广，并给予袁隆平极大的支持与鼓励。

他一年中超过三分之一的时间在南繁基地中试验劳作、观察研究，年复一年从未间断过。

荣誉市民热衷海南事业

国家南繁基地是农业科技工作者的主要战场，也是袁隆平非常喜爱的家。2002年6月13日，三亚市人大常委会召开会议审议通过决定授予袁隆平院士三亚市"荣誉市民"称号。2004年4月18日，三亚市政府专门召开授予"三亚市荣誉市民"称号大会暨新闻发布会，正式予以宣布。在发布会上袁隆平深情地表示很高兴能成为三亚的荣誉市民，我的事业就是从三亚的田间地头走向世界，这里也是杂交水稻的故乡。作为家乡人，袁隆平非常关注海南、关注海南社会事业。从袁隆平为三亚的英文城市名片命名中，可以感受到他喜爱三亚的程度，"Forever Tropical Paradise-Sanya"。谈起对三亚的印象时，袁隆平对三亚赞不绝口、充满肯定"三亚真是得天

2004年4月18日三亚市荣誉市民（张杰 提供）

独厚的黄金宝地，我去过全世界很多地方，最美的地方还是三亚。三亚从一个落后的边陲小镇，发展成为一座现代化的美丽城市，丝毫不亚于其他世界旅游胜地"[6]。

　　袁隆平非常珍惜"荣誉市民"这一称号。为了支持海南事业发展，袁隆平常常出席地方政府举办的各类论坛与会议，为海南打气献策。2003年，为了用实际行动履行市民义务，袁隆平欣然接受海南省政府高级科技顾问这一职务，还专程从长沙乘飞机赶到海口为海南省政府献计献策。2009年4月15日，在海南省政府科技顾问委员会换届中，袁隆平再次被聘为咨询顾问委员会和科技顾问委员会的顾问。2019年三亚成立市院士联合会时也得到了袁隆平的支持，多次接见三亚市人才主管部门的领导，并关心三亚传媒事业发展。

2004年4月18日三亚市荣誉市民袁隆平与吴明珠（张杰 提供）

　　在海南，袁隆平业余生活就是和家人及同事一起喝椰子汁、打排球、下象棋，最开心的就是陪孙女在三亚的海湾嬉戏、教孙女游泳。他经常一个人背着手逛农贸市场，给自己买几十元一件的格子衬衫……袁隆平享受三亚的好气候和海南的好风景，时而考察海南的景区、文化设施，毫不吝啬地为海南旅游做宣传当形象大使。袁隆平对海南的农业景区情有独钟，多次参观水稻国家公园、亚龙湾国际玫瑰谷、兴隆热带植物园等。这些有益于农业增值增效的事，他都很支持。2014年12月14日，袁隆平在三亚·财经国际论坛上坦言，做农业赚钱并不容易，做农业需要一种情怀。这也是他一直支持和鼓励有情怀的农业人的重要原因。

2009年4月15日袁隆平被续聘为海南省科技顾问（宋国强 提供）

2011年4月12日参加海南省人民政府科技顾问座谈会（辛业芸 提供）

2020年12月21日，海南省科技厅厅长谢京在三亚南繁基地慰问袁隆平（陈川彪 提供）

2020年1月9日三亚市有关领导看望慰问袁隆平（袁永东 提供）

2018年12月21日三亚日报总编辑卢巨波请袁隆平为三亚日报题字（孙清 提供）

2019年2月19日，袁隆平和夫人邓则受邀作为嘉宾参加在凤凰岛举行的三亚市庆祝元宵节文艺晚会（袁永东 提供）

2004 年 3 月袁隆平与孙女在三亚湾（张杰 提供）

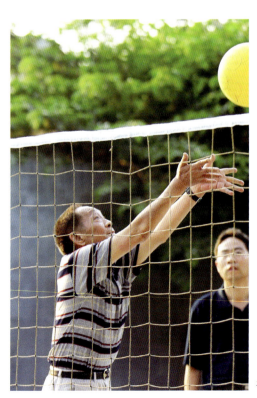

2004 年 3 月袁隆平在三亚南繁基地与同事打
排球（张杰 提供）

2014年3月16日，袁隆平与夫人邓则在亚龙湾国际玫瑰谷合影（杨莹 提供）

2014年10月15日袁隆平参观海南热带海洋学院的黎锦博物馆（辛业芸 提供）

2015年3月21日袁隆平在万宁市市长周高明（右4）和学生邓华凤（左1）等陪同下参观万宁兴隆热带植物园，其间关注海南新闻（王凯 提供）

2019年1月13日袁隆平在三亚市海棠区水稻国家公园与游客合影（覃琳琳 提供）

参考文献

[1] 龙军.袁隆平:有个"禾下乘凉梦"[N].光明日报,2014-01-20.

[2] 夏明亮.华国锋与袁隆平相知相交[J].党史纵横,2018 (5) :1921.

[3] 傅人意.南繁,种子的传奇之旅[N].南海网海南新闻,2021-04-12.

[4] 沈英甲.此生偏向膏粱谋[N].科技日报,2002-09-02 (005) .

[5] 刘华清.湖南党组织与杂交水稻的问世[J].湘潮(上半月),2011 (8) :33-36.

[6] 卢巨波,许愿坚,洪光越.改革先锋袁隆平与三亚的半个世纪情缘[N].三亚日报,2018-12-25 (001) .

教科相融厚植南繁事业

〖按〗袁隆平不仅仅是一位成就斐然的育种家，也是一位桃李天下的教育家。袁隆平有句名言："人就像一粒种子，要做一粒好的种子。"他一生都在以身作则，率先垂范。在袁隆平的关怀和支持下，海南涉农机构的项目承担与学科建设均有极大的改善，有力地促进了海南科教事业的发展。他在海南从事南繁科研工作长达53年，这期间帮助了一批又一批海南科技人员和青年人才的快速成长，为海南担负起国家南繁事业奠定了基础。

袁隆平在海南国家南繁科研基地上，用他的使命与智慧实现了"改变世界的一粒种子"，以袁隆平为代表的南繁人和南繁事业成为能让教育切实解决实际问题的生动诠释和宝贵资源库。提到袁隆平，我们就会很自然地联想到教育与农业、育种与育人、成才与收获等。袁隆平非常关心海南的科教事业和人才成长，在担任海南省政府首位高级科技顾问时写下了"为发展海南省农业作出更大的贡献"，他是这么想的，也是这么做的。

2003年7月17日，袁隆平任海南省政府首位高级科技顾问时题词

袁隆平总会抽空到海南科教单位和农业企业做报告，传教解惑，不厌其烦地接待师生、学者和企业家，指导帮助大家从事科研、生产。他作为海南省农业科学院的首席科学家，支持该院的建设与发展。他以海南大学特聘教授的身份，给海南大学学子们传授

自己的人生感悟。他担任海南热带海洋学院（原名琼州学院）客座教授，亲笔为学校题字"琼州学院 前程似锦"，期望海南热带海洋学院为海南培养更多接地气的人才。他作为三亚市荣誉市民全力支持成立三亚市南繁科学技术研究院服务国家南繁和热带高效农业。他在烈日炎炎之下亲自下地，以身作则指导南繁育种科技人员，讲解水稻育种，总是不断鼓励大家科技创新、回馈人民、报效祖国。

2015年4月9日，袁隆平支持海南省农业科学院承办"第五期超级杂交水稻苗头组合现场观摩培训会"（王效宁 提供）

2021年2月19日袁隆平会见海南大学校长骆清铭

2014年4月20日袁隆平担任海南热带海洋学院客座教授（海南热带海洋学院提供）

2005年4月1日袁隆平参加三亚市南繁科学技术研究院与中国三亚农业科学城筹建办公室成立大会（张杰 提供）

严谨治学桃李满天下

　　袁隆平的第一个职业身份便是教师，他可不是一位"循规蹈矩"的老师。1949年，他报考了西南农学院，袁隆平就说过，"我们国家人口多、耕地少，保障国家粮食安全，唯一的办法就是提高单产，因此高产对于我来说，是一个永恒的主题。"在新中国成立前，他亲身经历并亲眼看见倒伏在路边的饿殍，这令他心痛不已，他便想竭尽他所学所能去养活中国人口[1][2]。1953年7月，袁隆平大学毕业后分配到湖南省安江农校任教，开始了长达18年的教学生涯。了解到全国各地所面临的饥饿的残酷现实，就使刚从西南农学院毕业的袁隆平在心里默默地许下了"愿天下人都有饱饭吃"的朴素而崇高的心愿，促成他"一稻济天下"的理想。袁隆平的心愿和理想生动而深刻地诠释着教育的真正内涵，给教书育人以丰富而深远的启示。1968 年，是他第一次到海南开展水稻南繁加代工作，在此后的 53 年南繁岁月中，他和他的团队每年都要赴海南进行南繁育种工作。其奔波为发展种业和人才建设打下基础，为攻克"超级杂交水稻"做了很多默默付出。

2016 年 5 月 3 日袁隆平与海南省农业科学院、海南省农业学校师生合影（曹兵 提供）

在一次采访中，袁隆平说了一句非常值得我们深思的话语：你不能为了钱去努力，而是要为了理想而努力。袁隆平注重教书育人，更注重教育理念，并寄情莘莘学子。"当老师，就是为学生指引方向"，袁隆平非常愿意为海南的师生提供指导和帮助。2003 年，袁隆平以海南大学特聘教授的身份，给海南大学学子们传授自己的人生感悟："知识、汗水、灵感、机遇"这八个字[3]。袁隆平强调知识是工作和创新的基础，汗水是实践出真知，灵感是人人都有的思想火花，机遇是机会宠爱有心人[1]。对海南大学的师生而言，袁隆平的话不仅仅是前辈对晚辈的谆谆教诲，更是引领他们走向成功之路的领航灯。2014 年，袁隆平认为琼州学院（现海南热带海洋学院）对三亚发展具有非常重要作用，受邀担任琼州学院客座教授，他与琼州学院师生们谈论和分享热带农业的优势与发展，肯定着学校近年快速发展和来之不易的成果，鼓励学校师生要坚持依托海南岛，为海南培养更多接地气的人才。

鉴于袁隆平的国际影响力，很多国际友人慕名而来，让更多的人更加深入地了解海南、了解国家南繁。袁隆平在工作之余，偶尔也会应邀讲授课程，他以平等的态度对待来自各地、各国的求学者，亲自讲课，答疑解惑。袁隆平的讲课全程用英语讲授，使得国际学员们能够很容易理解他的知识理解。袁隆平就是这么和善，又是如此的随和，无论是普通师生还是国际学员，他都是以平等、和善的态度去对每一个人教导，给每一位学员答疑解惑。

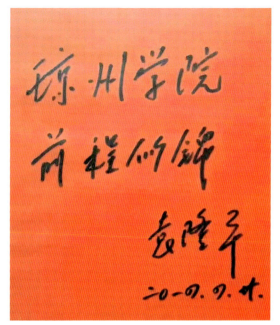

2014年4月20日袁隆平为海南热带海洋学院题词（海南热带海洋学院 提供）

2004年袁隆平在海南省农业科学院做报告（曹兵 提供）

南繁育种搭建大平台

"南繁育种"精神是国家南繁科研之钙。袁隆平认为振兴种业是中国梦组成的一部分。一直以来，袁隆平都坚持亲自给研究人员、普通师生讲解最新的前沿科技，生前一直坚持在三亚的国家南繁科研育种基地开展科研工作。如今，众多科技人员继承袁隆平衣钵，在他身后有几代年轻的科学家，已经逐渐担当起振兴中国种业以及水稻育种的重担[4]。2013年4月28日，习近平总书记出席全国劳模代表座谈会时，袁隆平向习近平总书记汇报了他的"禾下乘凉梦"和"杂交水稻覆盖全球梦"[5]。袁隆平一生为两个梦想艰苦奋斗，培育了许多的杰出科技青年。袁隆平坚持在科研实践中选拔和培养人才，在国家南繁育种事业中，袁隆平无时无刻不在发挥着科学领航人的重大作用。袁隆平在海南这块福地上辛勤的付出心血，培育了许多的青年人才，便也得到了美好的回报。

2018年4月12日，习近平总书记在袁隆平的陪同下，视察在海南三亚的主要南繁基地，沿着田埂走进"超优千号"超级杂交水稻展示田地，观看水稻的长势，经过袁隆平的详细介绍，了解到超级杂交稻的产量、口感和推广情况[6]，袁隆平还专门向习近平总书记

2016年8月4日袁隆平（左排中）主持首届中国（三亚）国际水稻论坛筹备会，与作为承办单位——三亚市南繁科学技术研究院共同协商大会事宜（右排1陈冠铭，右排2柯用春）（李晓芬 提供）

介绍身边的年青一代的南繁科技人员。在袁隆平的关怀与支持下，海南人才得到了成长。在袁隆平的要求下，湖南杂交水稻研究中心（暨国家杂交水稻工程技术研究中心）还聘请曹兵为该中心的兼职研究员，他还笑着说要其担任终身研究员、年薪1美元。陈冠铭作为南繁新生代科研人员代表之一，所著作的《中国南繁发展与产业化研究》《国家南繁"硅谷"产业规划研究与报告》受到袁隆平的高度肯定。袁隆平审阅之后主动为两本书题了序，鼓励陈冠铭要好好宣传南繁、建设南繁，让更多的年轻人热爱南繁事业，让更多的人理解南繁事业和支持南繁事业。

袁隆平在国际上获得的大奖数不胜数，其中的奖金用于捐赠成立"袁隆平农业科技奖励基金会"，帮助扶持种业人才的成长。海南省的冯克珊、曹兵就分别获得过第三届和第八届袁隆平农业科技奖。

2004年9月8日，冯克珊（前排左1）获得第三届袁隆平农业科技奖

袁隆平为了使中国杂交水稻研发这艘航空母舰不断远航，他不拘一格地重用人才、提拔人才、奖励人才。他深谋远虑，制定了一个以资金作支撑、培养人才、鼓励创新的长远计划。袁隆平视名利乃身外之物，为支持青年人才，以身作则亲自下地为南繁育种种业发展奉献青春和热血，得到的奖金去建立奖励基金去扶持人才发展。1987年，他在获得联合国教科文组织科学奖后，便决定把1.5万美元奖金悉数捐出，建立袁隆平杂交水稻奖

励基金，并捐出包括世界粮食奖等在内的所有奖金，累计达到100多万元。这项基金的增值部分除了进行奖励外，还用于资助优秀中青年农业科技工作者主持的农业科技项目。

支持海南助机构成长

袁隆平曾表示，一直以来，海南对杂交水稻事业的发展提供了特别大的帮助和支持，但是海南的发展太慢了，地方小、资源少，科技水平相对发达省份较为落后，在这种环境下，海南的青年科技人员更加渴望得到帮助和提携。以前的海南基础设施建设不完善，科研经费少之又少，而如今的海南，随着人才引进和培育政策的制定和落实，极大地改善了当地科研环境，科研能力更是有了质的飞跃。袁隆平一生严谨治学、为人师表、和蔼可亲，大家都亲切地称他袁老师，他对工作的热情、对晚辈的指导提携，时时刻刻都温暖和鼓舞着每一个人。

袁隆平一直关注海南地方南繁机构的发展与建设。1994年，他向海南省推荐黄明安出任海南省农业科学院院长，支持海南科研机构的发展。2000年8月，在袁隆平的支持下，国家科技部立项建设了"国家863计划杂交水稻与转基因植物海南研究与开发基地"，并为该机构创立的官网"杂交水稻网"题名。国家863计划海南基地在三亚的建设极大提升了三亚在南繁科研领域的影响力和服务能力，为日后三亚争取国家和省部级支持奠定了坚实的基础。2005年4月1日，三亚市南繁科学技术研究院成立由他和吴明珠揭牌，还为该院省重大科技工程项目"中国三亚农业科学城"题名。2009年作为项目负责人主持了由三亚市南繁科学技术研究院牵头承担的国家支撑计划项目"热带主要作物遗传改良与高效栽培技术研究与示范"，通过项目形式为该院培养了人才。

2000年10月12日袁隆平为三亚市南繁科学技术研究院杂交水稻题词（陈冠铭 提供）

2005年4月1日袁隆平（右5）与吴明珠（左3）庆祝三亚市南繁科学技术研究院成立（张杰 提供）

三亚
中国农业科学城
袁隆平

2005年4月1日袁隆平为中国三亚农业科学城项目题字（陈冠铭 提供）

2005年4月1日袁隆平
为中国三亚农业科技城筹
建办揭牌（张杰 提供）

在袁隆平的支持下，成就了海南青年人才的发展以及种业建设。袁隆平还兼任了多家公司以及单位多重专家身份，非常关注神农大丰、广陵高科等海南种业公司的发展。袁隆平曾担任海南省农业科学院的首席科学家，支持该院的学科建设。担任原三亚市南繁科学技术研究院的水稻育种指导专家，支持将该院作为全国第一个以南繁为重点的农业机构单位，把三亚以及海南南繁整合起来，支持南繁事业快速成长。海南省农业科学院粮食作物研究所组织实施的"杂交水稻双季亩产1 500公斤超高产栽培技术示范"红旗试点插秧现场观摩活动，该项目由袁隆平担任首席科学家，国家杂交水稻工程技术研究中心为项目提供技术支持[7]。海南省农业科学院作为全国最小的省级农业科学院，袁隆平就去过5次，为了该院不再转企，专门写信给时任海南省委书记汪啸风，请求省里保留该院事业体制。2016年"五一"节，袁隆平已85岁了，还亲自给海南省农业科学院的70多名青年科技人员上了人生宝贵的一课。2018年5月22日，水稻有机覆膜种植技术直播试验示范田进行测产验收，测得亩产1 065.3公斤，创下海南省水稻单产历史最高纪录，他对该示范点超级杂交水稻测产结果很满意[8]。

2014年4月10日，袁隆平为广陵南繁创新大厦题字（右2戴扬 提供）

　　袁隆平选定三亚市海棠湾的水稻国家公园作为超级杂交水稻的一个示范点，将水稻国家公园作为中国（三亚）国际水稻论坛的永久会址。2022年5月22日，为了纪念和弘扬袁隆平倡导与凝炼的"南繁育种"精神，三亚市在水稻国家公园安放落成5.22米高的袁隆平铜像。在落成仪式上，曹兵向三亚市政府捐赠了袁隆平生前题字，以纪念这一重要的日子。

2022年5月22日，曹兵（右）向三亚市政府捐赠了袁隆平生前题字（左1黄兴武副市长，陈冠铭 提供）

2006年3月31日袁隆平在曹兵研究员（右1）陪同下参观三亚市南繁科学技术研究院南红基地指导工作（陈冠铭 提供）

扶持海南培育好苗子

他对海南人才和青年人才的培养和提携，就像他培育超级杂交稻一样无私奉献，去悉心呵护每一个人，对他们都是寄予厚望的。袁隆平曾表示，做科研就不要怕失败，年轻人搞科研失败了，但是不要受到打击就退缩，科研道路上一个绊脚石，可能会成为你成功道路上垫脚石；同时袁隆平表示自己已经是一位老人了，他搞科研失败了没关系，无须担心名利仕途，但是可以为后来科研者积累失败的教训和经验，帮助他们少走弯路[9]。

袁隆平对人才的教育和培养，主要身传为主，身体力行、以身作则关心他们和影响

2019年4月11日袁隆平与三亚第一中学师生一起（任红 提供）

他们。他也善于发现人才，并去培养人才。在袁隆平的支持下，海南农业人才队伍得以成长。海南省农业科学院原院长黄明安、海南省动植物检疫站原副站长高级农艺师冯克珊、植物保护研究所研究员黄河清、海南省农业科学院蔬菜研究所原所长肖日新、海南省科技厅党组书记李劲松、中国种子集团有限公司三亚分公司杨毅、海南大学副校长曹兵、海南农乐南繁科技有限公司总经理王仕明、担任过三亚市农业农村局副局长林尤珍、海南省农业科学院研究员王效宁、海南广陵高科实业有限公司董事长戴扬、海南大学三亚市南繁科学技术研究院常务副院长杨小锋、三亚市农业农村局副局长曲环、海南大学三亚市南繁科学技术研究院PI陈冠铭、三亚市热带农业科学研究院院长孔祥义、三亚市农业农村局党组书记兼局长柯用春、海南大学三亚市南繁科学技术研究院吕青、原万宁市万城镇联星村党支部书记陈海雄、三亚市农业技术推广中心曹明，以及唐惠益、黄伟、邹学英等同志。这些同志已经成为海南省农业科技领域的骨干。

    2004年4月6日，袁隆平会见海南省农业科学院院长黄礼光（左2）一行商谈超级稻示范项目验收、推广应用以及南繁制种等

    2008年4月，袁隆平考察天涯种业三亚南繁育种基地（右3张少虎，右1张理高，唐萍 提供）

2009年4月8日袁隆平到陵水岭门南繁基地和广陵高科戴扬在一起检查水稻长势情况（左1戴扬）

2009年3月26日袁隆平在中国热带农业科学院院长王庆煌的陪同下考察兴隆热带植物园（辛业芸 提供）

　　袁隆平恪守教师原则，坚持在育种的实践中选拔和培养人才，既要重视青年人才的培养，也要顺应时代之需，培育出更多堪当大任的青年人才。因而，他不遗余力地加强对人才的培养，对海南的农业人才给予关注关怀。

2016年5月3日袁隆平一行到澄迈杂交水稻高产示范基地调研（右1孟卫东　提供）

　　说到关于未来的逐梦计划，他想了一下说："我希望有更多的精力培养更好的接班人！"[10]，作为科研巨擘，慈祥和蔼的袁隆平，不仅在专业上成就自身，在发现人才、选拔人才、培养人才方面，为国家做出的贡献功勋卓著。正是秉承这一理念，袁隆平用他自己的方法不仅为世界培育了超级杂交稻，还为国家培育了一代又一代农业科学家[11]，更是鞭策我们海南青年人才享受在国家福利的同时，不忘初心，用自己卓越的科技成果回报人民、回报祖国。

参考文献

[1] 夏子航.一稻济天下 精神永传承[N].上海证券报,2021-05-24.

[2] 任仲文.功勋[M].北京:人民日报出版社,2021.

[3] 新华网. 袁隆平分享成功"秘诀": 知识、汗水、灵感、机遇 [EB/OL]. (2019-09-27) [2019-09-27].

　　https://www.chinanews.com.cn/gn/2019/09-27/8967038.shtml.

[4] 杜若原, 孙超. "杂交水稻之父"袁隆平院士——一稻济世 万家粮足 [J]. 新湘评论, 2021 (11): 5.

[5] 王娇萍. "总书记心里始终有我们"——与习近平总书记座谈的劳模心声实录 [J]. 当代劳模, 2013 (5):

　　24-29.

[6] 谭海清, 王际娣. 三亚"南繁硅谷"建设进入快车道 [J]. 小康. 2021 (23): 20-23.

[7] 史瑞丽, 王巨昌 (通讯员). 水稻超高产栽培技术在我市示范试种. [N]. 海口日报, 2021-02-07.

[8] 田小雨. 重大突破! 亩产1065.3公斤! 海南水稻单产新纪录在三亚诞生. [EB/OL]. (2018-05-222)

　　[2018-05-24]https://baijiahao.baidu.com/s?id=1601284945980452118&wfr=spider&for=pc.

[9] 傅人意. 风吹稻浪满天涯. [N]. 海南日报, 2021-05-23.

[10] 王硕. 袁隆平: 希望超级稻覆盖全球过半稻田 [N]. 南方日报, 2013-10-09.

[11] 范南虹, 况昌勋. 育人如育稻: 不"循规蹈矩"的袁老师 [N]. 海南日报, 2015-03-24.

心系国家南繁硅谷建设

〖按〗习近平总书记提出要建成"南繁硅谷"。国家南繁基地作为国家宝贵的农业科研平台，素有农业科研的"加速器"、种业安全的"避雷针"、种子供给的"常备库"、交流合作的"大舞台"、人才培养的"摇篮"和地方发展的"助推器"的美誉。为贯彻落实习近平总书记的殷切嘱托，实现我国种业科技自立自强和种源自主可控，袁隆平坚定支持和参与国家南繁硅谷建设，在打造国家南繁科研基地标杆、提升国家南繁基地的影响力、创立国家技术创新中心等方面不遗余力，是建设国家南繁硅谷的先锋与杰出代表。

袁隆平自述他的一生一半在湖南、一半在海南，与海南有着超半个世纪的情缘。袁隆平一直呼吁支持海南建设国家南繁基地，守护好南繁育（制）种这块独一无二的宝地。

2002 年 4 月 2 日袁隆平与卢兴桂（右 3）共同主持国际水稻强化栽培会议（陈冠铭 提供）

2018年4月12日，习近平总书记在三亚市海棠区视察南繁基地，并看望了袁隆平，期间习近平总书记再次强调"国家南繁科研育种基地是国家宝贵的农业科研平台，一定要建成集科研、生产、销售、科技交流、成果转化为一体的服务全国的'南繁硅谷'"。2019年10月，袁隆平为陈冠铭、曹兵等著的《国家南繁硅谷产业规划研究与报告》题序，序中就提到"在产学研政策共同努力下，想要建成南繁硅谷的愿景就一定会达成，且一定能达成"，充分表达了对建成国家南繁硅谷的赤子之心和殷切期盼。

建设南繁科研基地标杆

袁隆平所带领的团队是最早在海南建设长期而稳定的南繁基地的科研团队之一。自1968年起，袁隆平每年冬天都会来三亚从事水稻南繁科研工作，他说："国家战略在海南，守好南繁宝地，再创育种佳绩"。他的团队在位于三亚市吉阳区的师部农场内建有国家杂交水稻工程技术研究中心海南基地，在位于三亚市海棠区的水稻国家公园内建有国家杂交水稻工程技术研究中心三亚南繁综合试验基地。三亚的南繁基地是袁隆平研究杂

2006年4月6日，袁隆平主持2006年全国杂交水稻新品种展示观摩会（王精敏 提供）

交水稻重要的科研基础设施。袁隆平在南繁育种中付出大量心血,确保了南繁科研工作高质量和高效率,国内众多科研单位和南繁管理部门纷纷到袁隆平的南繁科研基地参观考察学习,大家都希望对标建设本省本单位科研试验基地。

近年来,在国家相关部门支持下,海南省三亚市、乐东县、陵水县等传统南繁市县参考了袁隆平南繁基地的建设标准以及高标准农田的建设模式,系统地提升南繁基地保障水平和服务质量。从2019年开始,在中央财政的支持下,海南省农业农村厅和传统南繁市县为提高南繁项目基础设施保障能力,满足农作物高产栽培、机械化作业、节能节水等现代化生产要求,推进南繁育种科研基地的高标准建设。截至2022年4月,海南省通过改造或新建南繁高标准农田24.26万亩,南繁保护区覆盖率为90.5%。优先完成5.3万亩核心区高标准农田建设改造任务,核心区农田基本达到了"路相连、渠相通、旱能灌、涝能排"的建设标准。三亚崖州区作为南繁核心区,三亚市农业农村局联合海南大学三亚市南繁科学技术研究院等有关单位成立专班,全力推动在三亚市建设南繁高标准试验田,建设包括排水渠道、灌溉设施、农田输配电、田间道路、环境保护工程和智能信息化等,项目分两期完成,总面积为3.444万亩,有力地保障了国家南繁基地高效运行。

2019年12月31日,袁隆平与夫人邓则在三亚南繁基地参加团拜会

提升国家南繁的影响力

袁隆平常说:"发展杂交水稻,造福全世界人民,是我毕生的追求和梦想"。他用"请进来,走出去"的开放态度欢迎来自世界各地的水稻专家学者来到他的水稻南繁科研基地考察学习交流。中外学者来南繁基地学习交流,提升海南在国际种业领域的知名度。三亚的美名因袁隆平等科技工作者留下足迹而更有魅力。在袁隆平的影响下,三亚成了国内外水稻交流与合作的重要基地,他推动或支持了在海南举办了系列的高端学术会议,诸如全国杂交水稻新品种展示会、国际水稻强化栽培(SRI)会议、中国(三亚)国际水稻论坛、中国(陵水)南繁论坛、国际海水稻论坛、中非农业合作论坛等。袁隆平还担任了中国(三亚)国际水稻论坛和国际海水稻论坛主席一职。

2010年1月15日首届中国农业科技创新论坛(辛业芸 提供)

2013年4月8日参加博鳌亚洲讲坛（辛业芸 提供）

2013年4月8日袁隆平参加亚洲博鳌论坛与张杰合影（张杰 提供）

2004年4月15日全国杂交水稻新品种展示会（张杰 提供）

其中中国（三亚）国际水稻论坛已成功举办了4届、国际海水稻论坛已成功举办了5届、中国（陵水）南繁论坛成功举办4届，这些在三亚和陵水等地举办的论坛影响力巨大，参加人数众多。首届中国（三亚）国际水稻论坛始于2017年4月12日，水稻论坛至今已成功举办4届，每年有来自10多个国家的顶尖级水稻专家和行业人士700多人齐聚三亚"论稻"，在这里我们不仅可以聆听顶尖级水稻大咖"论稻"，指引"稻"路未来，世界各国的专家学者还可以在袁隆平的科研示范基地水稻国家公园示范区看稻。杂交水稻在这里走出了国门，走向了世界，在这里中外学者以看"稻"为交流桥梁，"一带一路"国家之间通过"论稻"交流形成了强有力的国际合作关系，提升了国家南繁基地的影响力。

2004年4月2日在三亚南繁基地会见美国水稻科技公司马克总经理

2015年3月25日袁隆平参加陵水·中国南繁育种产业发展研讨会（戴扬 提供）

2016年3月26日袁隆平、李登海（右2）出席中国南繁论坛会议（戴扬 提供）

2017年3月17日袁隆平与辛业芸（右1）在海南基地接见IRRI科学家（辛业芸 提供）

2017年4月12日袁隆平参加首届中国国际水稻论坛（任红 提供）

2018年4月17日袁隆平出席第二届水稻论坛（任红 提供）

2018年12月18日袁隆平出席第三届国际海水稻论坛
（辛业芸 提供）

2019年1月6日袁隆平作为主席在中国
（三亚）国际水稻论坛国际优质稻米博览
会方案上做批示（刘海英 提供）

2019年4月9日袁隆平在海南接见RTAG高管（辛业芸 提供）

2019年4月11日袁隆平出席第三届中国（三亚）国际水稻论坛（任红 提供）

2019年12月9日袁隆平参加首届中非农业合作论坛时与外国嘉宾交流（宋国强 提供）

2019年12月18日袁隆平出席第四届国际海水稻论坛（辛业芸 提供）

2019年12月19日袁隆平出席首届中非农业合作论坛（陈聪聪 提供）

2020年12月10日袁隆平修改并确定第四届国际水稻论坛方案（柯用春 提供）

2004年袁隆平（主席台右5）与吴明珠（主席台左5）出席国际（海南）种子技术与产业化论坛（曹兵 提供）

创立国家技术创新中心

　　种业发展分成四个阶段，世界主要种业强国进入了智能设计生物育种4.0时代，但我国仍处于2.5时代[1][2]。我国要实现种业科技自立自强和种源自主可控，需要夯实南繁硅谷科技内核，打造中国特色的智慧育种4.0。袁隆平将夯实种业科技内核作为其重要的工作内容。2019年3月28日，李克强总理赴海南出席博鳌亚洲论坛年会，百忙之中会见了袁隆平，袁隆平向李总理汇报耐盐碱水稻研究开展情况，提出要建设国家耐盐碱水稻技术创新中心，介绍建设国家耐盐碱水稻技术创新中心的重要性和可行性，建议将中心作为新的科技平台切入口来保障国家粮食安全。李克强总理对建设国家耐盐碱水稻技术创新中心表示大力支持，要求各相关单位给予积极配合[3]。在2020年3月27日，袁隆平以90岁高龄亲自参加科技部召开"国家耐盐碱水稻技术创新中心"申报项目答辩，争取将中心总部落户三亚以支持南繁硅谷的建设。

2019年8月15日袁隆平主持国家耐盐碱水稻技术创新中心建设方案编制启动（陈冠铭 提供）

2022年3月16日，国家耐盐碱水稻技术创新中心总部正式在三亚挂牌成立，湖南省农业科学院党委书记柏连阳院士任理事长，海南大学副校长曹兵研究员任副理事长。湖南杂交水稻研究中心作为该中心的牵头单位，共同组建单位有海南大学、青岛海水稻研究发展中心有限公司等，协同共建单位包括广东海洋大学、海南大学三亚市南繁科学技术研究院、湖南省农业科学院等11家，中心是涉及多个区域、多个领域、多个学科的科技创新重要载体平台[4]。中心统揽全局，集南繁育种、展示示范、信息、培训交流和成果转化等功能为一体，主要负责耐盐碱水稻中心的南繁选育、集中展示与交易、大数据管理、对接"一带一路"合作与交流培训等。

2020年4月14日袁隆平主持国家耐盐碱水稻技术创新中心试验现场观摩及建设推进会（辛业芸 提供）

参考文献

[1] 于文静 . 如何实现我国种业向 4.0 时代跨越 ?[N]. 团结报 , 2021-02-02 (004) .

[2] 万建民 . 如何用自己的手攥紧中国种子 [EB/OL]. (2022-4-18) [2022-4-18]. https://finance.sina.com.cn/
jjxw/2022-04-18/doc-imcwipii4919976.shtml.

[3] 辛业云 , 毛昌祥 , 王精敏 . 袁隆平画传 [M]. 北京 : 人民出版社 , 2021.

[4] 湖南获批建设国家耐盐碱水稻技术创新中心 [EB/OL]. (2021-03-31) [2021-03-31]. http://www.xinhuanet.
com/2021-03-31/c_1127278728.html.

弘扬袁隆平为代表的科学家精神

〖按〗科学家精神是科技工作者在长期科学实践中积累的宝贵精神财富。在中华民族伟大复兴的历史进程中，一代又一代的科学家通过不懈的努力奋斗，锻造了中国科学家特有的精神品格和鲜明的人文气息，塑造了中国科学家精神。以袁隆平为代表的农业科研人员就高度展现了我国科学家精神，展现了我国杰出农业科技工作者的高尚精神品质和可贵的家国情怀。新时代我国要实现种业科技自立自强和种源自主可控，就需要进一步地发扬和赓续以袁隆平等为代表的老一辈科学家所凝炼的科学家精神，为科技强国和民族复兴做出新贡献。

习近平总书记强调"人无精神则不立，国无精神则不强"。科学家精神既是对优秀中华传统文化和红色文化的传承，又是科学家在长期的科学创新实践中逐步形成的一种精神上的升华[1]。在2019年6月，中共中央办公厅、国务院办公厅印发的《关于进一步弘扬科学家精神加强作风和学风建设的意见》中对科学家精神做出全面概括，即"胸怀祖国、服务人民的爱国精神，勇攀高峰、敢为人先的创新精神，追求真理、严谨治学的求实精神，淡泊名利、潜心研究的奉献精神，集智攻关、团结协作的协同精神，甘为人梯、奖掖后学的育人精神"[2]。

1976年3月，海南三亚荔枝沟（著名摄影家林承先 拍摄，王精敏 提供）

袁隆平是享誉全球的农业科学家，他毕其一生致力于杂交水稻的研究与推广，为我国粮食安全、农业科学发展和世界粮食供应做出了重大贡献，被誉为"杂交水稻之父"，获得世界粮食奖，受到全世界广泛肯定和高度评价。2019年9月29日，袁隆平成为我国首届共和国勋章获得者。在53年的南繁科研岁月里，袁隆平充分展现了"胸怀祖国、服务人民、艰苦卓绝、拼搏进取、创新创业、求真务实"的"南繁育种"精神，用53年的辉煌南繁人生生动地为我们诠释了什么是科学家精神。

2004年3月30日曹兵（左）拜访袁隆平，祝贺其获得世界粮食奖（张杰 提供）

2004年3月30日海南南繁基地庆祝
袁隆平获世界粮食奖（张杰 提供）

南繁情
——三亚荣誉市民袁隆平

以农为本的爱国情怀

袁隆平出生在动乱而屈辱的年代，童年在抗日战争的烽火中度过，曾亲眼见到人因为饥饿而死，他深知民族和人民所遭受的苦难，这对他有很深的触动。为了让更多的人吃饱饭，于是袁隆平选择农业报国。他从西南农学院本科毕业后，被分配到边远的湖南省安江农校工

2004年4月2日袁隆平三亚南繁试验基地（张杰 提供）

作，他下定决心要解决粮食问题，不让老百姓挨饿。

1970年灿烂的笑容，享受"攻关"后的喜悦（王精敏 提供）

杂交水稻的研究使袁隆平在全球声名鹊起，很多国际机构都高薪聘请他去国外工作，但他说"我的根在中国"并一一婉言谢绝。袁隆平曾说：当他能用科学成就在世界舞台上为中国争得一席之地时，无论是"杂交水稻之父"的称谓，还是各种科学大奖都不重要，重要的是为

中国人赢得了荣誉和尊严[3]。袁隆平在2018年未来科学大奖组颁奖典礼上对青年科学家殷切期望：把国家和人民的利益作为自己的奋斗目标，不过分计较个人得失，要不断努力[4]。

"从0到1"的跨越式创新

袁隆平的科技创新是典型的"从0到1"的创新。粮食问题一直得不到解决，他觉得自己有责任把所学知识用来解决这个问题。培育杂交水稻的念头源自袁隆平在1956年带领他的学生进行农学试验时，发现水稻中一些天然杂交品种具有显著杂交优势，他认为这是提高水稻产量的一个重要途径。1966年，袁隆平发表名为《水稻的雄性不孕性》学术论文，中国杂交水稻的深度研究就此拉开帷幕，翻开农业史的新篇章。在中外遗传学经典著作中"水稻等自花授粉作物没有杂种优势"这一权威学术观点是当时农业领域的共识，那时的西方学者还在

2006年3月初，袁隆平身着由三亚市南繁科学技术研究院定制的国家海南研发863计划基地工作服选育超级杂交水稻（王精敏提供）

2013年4月11日在三亚主持召开"强优势水稻杂交种创制与应用"课题年度会议（王精敏 提供）

用传统的方法进行水稻研究，而袁隆平却另辟蹊径，与助手李必湖、尹华奇组成"三人科研小组"，开始了水稻雄性不孕选育计划[5]。

1970年，在海南岛崖县（现为三亚市）的南红农场发现了1蔸天然的雄性不育野生稻，这成为世界杂交水稻科研的重大突破口。袁隆平认为，不能长期地使用一种固化的思维去提出问题、分析问题和解决问题，从而形成思维定式，思维固化就容易使思路闭塞或使思想僵化教条。

2015年4月10日在三亚举办的"国家863计划'强优势水稻杂种的创制与应用'课题会议"（辛业芸 提供）

他始终以超前的目光看待复杂多变的世界，尊重经典理论和学术权威，但并不盲从、迷信或教条，以大胆的科学精神和对遗传理论的深刻理解，毅然打破传统的科学理论禁锢，提出了水稻杂交理论，并最终获得了巨大成就[6]。强烈的创新意识引导他发现新的科

2014年5月6日袁隆平在三亚市农业局局长李劲松（左4）陪同下参观位于三亚市南繁科学技术研究院南红试验基地的中国杂交水稻发源地（任红 提供）

学现象、科学事实，从而激发他为预期目标做出不懈的努力。袁隆平经过几十年不继创新，在杂交水稻研发上取得突出成绩，为我国粮食生产与安全做出了巨大贡献。

2021年亩产1 500公斤海南大学三亚市南繁科学技术研究院坝头试验基地（这是袁隆平确认的方案，并建成的基地）（涂升斌 提供）

深耕一线的求真务实

科研的道路是漫长艰辛且孤独的，有些人不能理解袁隆平的苦衷。农业研究周期长，屡试成与不成均是常事。刚开始从1964年至1970年，袁隆平从事杂交水稻研究已经有了6年，6年来他所领导的研究小组下海南闯云南，吃的苦头不少，受到讽刺挖苦难以计数。有些人可能早已承受不了来自自然界的磨砺和学术界的冷嘲热讽，悄然退出不干了，但袁隆平坚持了下来。就算在杂交水稻研究取得突破性成功的初期，有人笑称"杂交水稻只长秆子不长稻"，这些挫败也并不能阻挡袁隆平开展杂交水稻的研究。在2014年超级杂交稻亩产成功突破1 000公斤后，袁隆平还

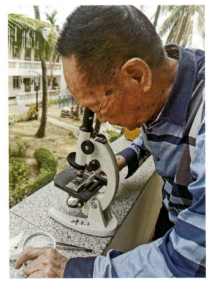

2020年3月12日，科研无止境，处处皆是实验室（辛业芸 提供）

提出一项关于超级稻第五期攻关计划，以每公顷16吨为目标，为了尽快达到目标，袁隆平从2013年起就一直在基地进行试验[7]。

"吃饱饭"的问题解决后，他把精力集中在"吃得好"和"更健康"这两方面。袁隆平决定将超级杂交稻"种三产四"丰产工程从强调产量转向兼顾绿色和优质。最终优质稻占比在30%以上，不少品种的米质都达到国家二级标准[5]。正是因为袁隆平求真务实、力排众议，才能带领我国科研人员在杂交水稻的研究之路上取得一次次的成功。从1964年发现第一株雄

2020年2月1日，忘我的精神（辛业芸 提供）

性不育株起到"三系"配套成功经历了十年，袁隆平没有停住脚步，以超前的目光，用他"不唯上、不唯书、只为实"的精神引导他发现新的科学事实，从而激发他为预期目标做出不懈的努力。2018年4月12日，习近平总书记在三亚市水稻国家公园听袁隆平介绍超级稻时，饱含感情地说："我们要弘扬老一代科技工作者的精神，袁隆平同志是一个楷模。"并肯定了以袁隆平为代表的先进人物"埋头苦干、默默耕耘、十年磨一剑，久久为功"的韧劲。

2013年4月10日袁隆平、朱英国（左2）、谢华安（右2）、万建民（左1）、
邓华凤（右1）在海棠湾合影（王精敏 提供）

2020年11月24日，海南省科技厅厅长谢京拜访袁隆平，请求支持海南省崖州湾种子基地建设

成就大我的无私奉献

袁隆平一生淡泊名利、无私奉献，以扎根于稻田之间、泥土之上，以毕生精力致力于杂交水稻的研发，用钉钉子的实际行动诠释了科学家精神的深刻内涵。1971年，袁隆平为了更快地解决粮食问题，他将"野败"和所组配的材料无偿贡献出来，短时间内国内数百名科研人员，带着上千个水稻品种进行南繁选育，实

2014年5月21日，袁隆平在三亚试验田查看最后一批水稻试验（辛业芸 提供）

施了上万个组合的回交转育，得到多个表现优良的杂交水稻组合[5]。袁隆平不图名，湖南省农业科学院院长一职被他以"耽误研究"为由给婉拒了，稻田是他最热爱的地方。还常常公开表示杂交水稻不只是他一个人的功劳。

2020年12月10日袁隆平布置2021年水稻超高产工作，海南省科技厅党组书记国章成（右2）参加会议（辛业芸 提供）

　　袁隆平不图利，他将联合国教科文组织发的奖金全部捐出并成立了"袁隆平杂交水稻奖励基金会"，还时常自掏腰包奖励那些从事杂交水稻科研与推广的人员……他的愿望只是想要农民不再挨饿。袁隆平的一生都在田野上奋斗，为了完成"禾下乘凉梦""杂交水稻覆盖全球梦"，他不断追求水稻的高产再高产，为了中国人能将饭碗牢牢抓在自己手里，不断攻克一个又一个的难题，刷新一年又一年的水稻亩产量，正是因为袁隆平的这种不断追求、勇于探索、精益求精，才让现在的世界粮食问题有了很大的缓解，更多人能吃上饭、吃饱饭。

2014年9月15日，第八届袁隆平农业科技奖（右1曹兵）

甘为人梯的合作协同

　　杂交水稻的研究也离不开团队的协同创新，1970年11月23日，袁隆平的弟子兼任助手李必湖在南红农场技术员冯克珊的帮助下，成功地在沼泽地野生稻种群中发现了1蔸由一粒种子发育而成的雄花异常的野生稻，袁隆平和他的弟子们辛苦寻找了6年，走遍了全国各地均未能见到，而最终就在三亚觅得，袁隆平兴奋地将它命名为"野败"。"野败"的发现为我国研究杂交水稻的漫漫征程提供了第一推动力。以"野败"为切入点，袁隆平和他的团队先后克服了提高雄性不育率、"三系"配套、育性稳定、杂交优势、繁殖制种这五道难题[8]。

2015年4月9日在海南召开第五期超级杂交水稻苗头组合现场观摩培训会（曹兵　提供）

　　袁隆平为我国科研人员开辟了一条新的康庄大道。在发现"野败"之后的十几年中，全国包括袁隆平在内的二十多个科研团队，通过联合攻关、协同创新，在超级稻育种理论、育种材料创制和新品种选育与推广方面取得了系列的重大突破。袁隆平团队用青春、理智和毅力战胜了重重困难，赢来了胜利的曙光，让梦想变成了现实。经过袁隆平及广大科技工作者的共同努力，杂交水稻的种植面积、产量稳中有升，不断地取得新的进展，不断地刷新亩产纪录，西方还把杂交水稻称为"东方魔稻"。袁隆平团队研究出的杂交水稻不但极大地解决了中国人的粮食问题，同时也为21世纪全球范围内可能出现的饥饿问题提供了新的解决办法[9]。

2016年8月3日袁隆平为陈冠铭（左）著作《中国南繁发展与产业化研究》题序（邓华凤 提供）

南繁育良种兼具育人

袁隆平的巨大成就与其伟大的科学品德与科学精神密不可分，在他的带领下，我国杂交水稻科学界"团结、包容、开放、创新"，传帮接代、薪火相传，创造了我国"科技大协作、科技大攻关"典型创新模式。袁隆平打造了众多平台，包括了隆平高科等成果转化平台，包括国家杂交水稻工程技术研究中心、国家耐盐碱水稻技术创新中心等科技创新平台，基于这些平台上培养了

2020年11月11日袁隆平与课题组成员商议1 500公斤示范，并呈送由袁隆平题序的出版著作《国家南繁硅谷规划研究与报告》（陈冠铭、曹兵、汪李平著）（孟卫东 提供）

众多的后起之秀，可谓桃李满天下。袁隆平不少的弟子已成为知名农业专家、知名种业企业家。更为重要的是，袁隆平所开辟的杂交水稻研究领域为我国培养了一大批大师级的人才，在水稻领域的院士近20人。

袁隆平十分重视身边科研人员的再教育，科研之余还给他们上课辅导，并安排他们去进修深造和学历提升。袁隆平为解决青年科研人员的经费问题，他还将自己的顾问费捐出来专门资助年轻人。海南作为杂交水稻的故乡，袁隆平曾多

2012年4月2日现场给同事讲解杂交水稻育种（辛业芸 提供）

次写信给国家和有关部委领导希望支持海南的建设，为海南国家南繁基地、南繁科技城等的建设提供很大帮助。2018年在袁隆平的陪同下，习近平总书记亲临国家南繁科研育种基地视察，给予广大南繁科技人员研究的信心，推动南繁科研育种事业发展步伐不断加快。

袁隆平不仅给我们留下了巨大的物质财富，也赋予我们宝贵的精神财富。从袁隆平身上可以看出，科学家要有勇攀科学高峰的精神，为了科学进步还需要发扬科学精神和讲究科学方法。传承和赓续以袁隆平为代表的科学家精神，走在弘扬社会主义核心价值观的前列，争做新时代理性的爱国

2004年4月22日，袁隆平在三亚与同行开玩笑，为大家带来欢声笑语（张杰 提供）

者、重大科研成果的创造者、脚踏实地的诚信者、建设农业强国的奉献者、与团队同甘共苦的协同者、崇高思想品格的教育者。精神力量始终是党和国家事业发展的强大支撑，

是凝聚国人团结一致以实现中华民族伟大复兴的精神动力。科学家精神是一种令人敬佩的精神，以袁隆平为代表的科学家精神是中华民族精神品格的集中体现，传承和赓续科学家精神是建设社会主义核心价值观的典范[10-12]。让我们继承光大以袁隆平为代表的科学家精神，继续攀登种业科技高峰，早日实现我国种业振兴！

 参考文献

[1] 中国社会科学网.李后强.什么是科学家精神？怎样为人民做学问？[EB/OL]. (2019-7-30) [2022-4-24]. http://cssn.cn/zx/xshshj/xsnew/201907/t20190730_4947225.shtml.

[2] 中国政府网.新华社.中共中央办公厅 国务院办公厅印发《关于进一步弘扬科学家精神加强作风和学风建设的意见》.[EB/OL]. (2019-6-11) [2022-4-24].http://www.gov.cn/zhengce/2019-06/11/content_5399239. htm.

[3] 高丹桂.粮者良心 为国为民[J].中国粮食经济，2021 (6)z: 39.

[4] 王握文、胡震、孟春石."做任何事情都需要雷锋精神"——专访"共和国勋章"获得者、"杂交水稻之父"袁隆平[J].雷锋，2020 (1) : 6-10.

[5] 周勉、袁汝婷.一颗稻谷里的爱国情怀——记"杂交水稻之父"袁隆平[J].中国产经，2019 (6) :40-45.

[6] 曾晓芳.袁隆平职业教育思想与农业职业院校的人才培养[J].机械职业教育，2011 (11) :8-9.

[7] 执著梦想 合作创新 奉献种业 强国富民——中国种业十大功勋人物评选揭晓[J].农家参谋（种业大观），2014 (5) :28-29.

[8] 吴柳、薛瑾.走近袁隆平[J].语文世界，2006 (12) : 40-41.

[9] 国家南繁工作领导小组办公室.中国南繁60年[M].北京：中国农业出版社，2019.

[10] 光明日报.论袁隆平精神及其时代意义.[EB/OL]. (2007-8-2) [2022-4-24].https://www.gmw.cn/01gmrb/2007-08/02/content_648900.htm.

[11] 李建强、YAO Wei.弘扬中国共产党人精神谱系之科学家精神研究[J].中共南昌市委党校学报，2022, 20 (1) : 18-23.

[12] 吴贤高.袁隆平科学精神研究[D].南昌：江西农业大学，2012.